BEI GRIN MACHT SICH IHR WISSEN BEZAHLT

- Wir veröffentlichen Ihre Hausarbeit, Bachelor- und Masterarbeit

- Ihr eigenes eBook und Buch - weltweit in allen wichtigen Shops

- Verdienen Sie an jedem Verkauf

Jetzt bei www.GRIN.com hochladen und kostenlos publizieren

Marc Ehlert

Der Stoßdämpfer - Arten, Aufbau und Funktion

GRIN Verlag

Bibliografische Information der Deutschen Nationalbibliothek:

Die Deutsche Bibliothek verzeichnet diese Publikation in der Deutschen National-
bibliografie; detaillierte bibliografische Daten sind im Internet über http://dnb.d-
nb.de/ abrufbar.

Impressum:

Copyright © 2009 GRIN Verlag GmbH
Druck und Bindung: Books on Demand GmbH, Norderstedt Germany
ISBN: 978-3-640-93622-9

Dieses Buch bei GRIN:

http://www.grin.com/de/e-book/173509/der-stossdaempfer-arten-aufbau-und-
funktion

Inhaltsverzeichnis

1. Einleitung

Jeder Autobesitzer hat ihn. Jeder Autobesitzer weiß, dass er ihn hat. Aber weiß auch jeder, wie wichtig er ist? Es gibt ihn in vielen verschiedenen Ausführungen, seine Funktion ist jedoch immer dieselbe. Der Stoßdämpfer ist eines der wichtigsten Bindeglieder zwischen Auto und Straße. Er ist vielmehr ein Bindeglied zwischen Fahrer und Fahrbahn. Der Schwingungsdämpfer, wie er auch genannt wird, trägt Zweifels ohne zur Qualität eines Kraftfahrzeuges bei und damit auch für dessen Popularität auf dem Fahrzeugmarkt. Der Spagat zwischen Fahrsicherheit und Fahrkomfort ist für die Konstruktion von maßgeblicher Bedeutung. Luxuslimousinen legen ein verstärktes Augenmerk auf den Fahrkomfort, wohin gegen in einem Sportwagen dem Fahrkomfort eine eher marginale Bedeutung zukommt. Für die unterschiedlichen Ansprüche werden verschiedene Leistungsmerkmale und damit auch unterschiedliche Stoßdämpferarten benötigt. Um diesem Problem entgegenzuwirken, bedient sich die Industrie, oder vielmehr der Konstrukteur, einer Normgebung für die optimale Dämpfereinstellung. Diese Norm wird als ‚mittlerer Beladungszustand‘ beschrieben.[1] Charakterisiert wird dieser durch die Anzahl von „zwei Personen und 75kg Handgepäck"[2]. Nicht nur der Unterschied der Fahrzeugklassen beeinflusst die Dämpferabstimmung, sondern auch die fahrzeugeinsatzstypischen Fahrbahnanregungen, welche von Fahrzeug zu Fahrzeug individuell gestaltet werden können. In der vorliegenden Arbeit setzt sich der Autor mit dem Thema ‚Der Stoßdämpfer‘ auseinander und geht dabei auf dessen Bedeutung für die Konstruktion eines Kraftfahrzeuges (KFZ) ein. Es werden zwei Arten genauer betrachtet und deren Aufbau und Funktionsweisen erläutert. Zu Beginn wird der Begriff Stoß- oder auch Schwingungsdämpfer definiert, um einen Ausgangspunkt für die Aufarbeitung des Themas zu legen und Missverständnisse zu vermeiden. Fortführend werden Aufbau und Funktion der Ein- und Zweirohrdämpfer genau erläutert um Vor- und Nachteile der Systeme im Vergleich darzustellen. Zusätzlich geht der Autor auf die Problematik Stoßdämpfertest ein, um darzulegen, welche Möglichkeiten bestehen deren Funktionalität zu überprüfen. Abschließend wird eine zukunftsgestaltende Idee erläutert, welche sowohl Fahrkomfort als auch Fahrsicherheit miteinander verbindet und den Fahrbahngegebenheiten entsprechend anpasst.

---

[1] vgl. Reimpell 2000, S. 358
[2] Reimpell 2000, S. 358

2. Begriffsbestimmung des Stoßdämpfers

In der Wissenschaft spricht man von Stoßdämpfer oder auch Schwingungsdämpfer. Diese sind Metallhülsen, in denen ein beweglicher Kolben die Belastungen der Karosserie abfedert. Sie drücken die Räder auf die Straße und sorgen dadurch für fundamental sicherheitsrelevante Aspekte wie Fahrsicherheit. Aber auch Fahrkomfort ist eine ihrer Aufgaben, die es zu bewältigen gilt. Den nötigen Widerstand gewährleistet eine Kolbenfüllung mit Öl oder Stickstoff bei einem Druck bis 25 bar. Schwingungsdämpfer werden in vielen verschiedenen Arten hergestellt und ihr Einsatzspektrum, wie zu vermuten, reicht weit über das des Schwingungsdämpfers, befestigt an Achse und Karosserie, hinaus. Bekannte Formen sind der Einrohrdämpfer drucklos und druckbelastet und der Zweirohrdämpfer drucklos und druckbelastet. Die drucklosen Varianten finden jeweils Anwendung in Bereichen wie Heckklappen und Motorhaubenlifter. Auch werden sie als Motorschwingungsdämpfer, Fahrersitzdämpfer und Lenkungsdämpfer eingesetzt.[3] Vorwiegend werden jedoch Einrohr-dämpfer (siehe Abbildung 1) verwendet, da diese auf Grund ihrer dünneren Bauweise auch in schwer zugänglichen Stellen ihren Platz finden.

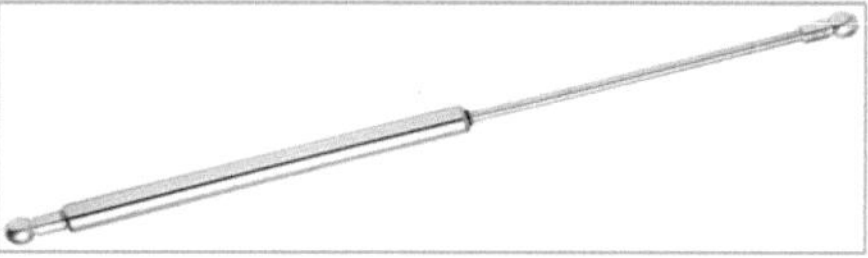

Abbildung 1: Haubenlifter

Diese drucklosen Varianten werden in der Ausarbeitung nicht weiter betrachtet, da sie keine Verwendung als Fahrzeugdämpfer finden und somit für Erarbeitung des Themas keine Rolle spielen. Die druckbelasteten Varianten unterscheiden sich durch einen Gehäuseinnendruck von bis zu 25 bar. Der Zweirohrdämpfer bedient sich eines Gasdruckes von ca. sechs bis acht bar und der Einrohrdämpfer bis zu den bereits angesprochenen 25 bar. Sie werden als Schwingungsdämpfer verwendet, welche im Bereich der Fahrzeugaufhängung ihre Funktion finden.

---

[3] vgl. Reimpell 2000, S. 374

3. Der Zweirohrdämpfer druckbelastet

3.1. Aufbau

Der Zweirohrdämpfer, druckbelastet setzt sich zusammen aus zwei Befestigungsgelenken - jeweils oben und unten - einem Arbeitszylinder und einem Behälterrohr. In dem Arbeitszylinder befinden sich die Kolbenstangenführung, die Kolbenstangendichtung, die Kolbenstange mit einem Durchmesser von elf Millimeter mit Kolbenventil und das Bodenventil. In dem Behälterrohr befindet sich der Ölvorratsraum. Dieser ist gefüllt mit Mineralöl und Luft. Diese hat einen Druck von sechs bis acht bar. Umgeben ist dieses System zum Teil von einem Schutzrohr. Für die Dämpfungs-leistung verantwortlich sind zwei Ventile. Zum einen das Kolbenventil, welches bei der Zugstufe die alleinige Dämpfung übernimmt und zum anderen Teil das Bodenventil, welches hauptsächlich die Aufwärtsbewegung bremst.[4] Das durchschnittlich in einem KFZ verbaute Kolbenventil hat eine für die Zugstufe verantwortliche Fläche von 478 mm². Das für die Druckstufe verantwortliche Bodenventil hat eine Fläche von nur 95 mm². Zweirohrdämpfer, druckbelastet „haben Zylinderdurchmesser von ca. 22 mm bis maximal 36 mm. In Nutzkraftwagen werden im Prinzip die gleichen Dämpfer verwendet. Der Durchmesser erweitert sich jedoch nach oben bis auf 70 mm"[5].

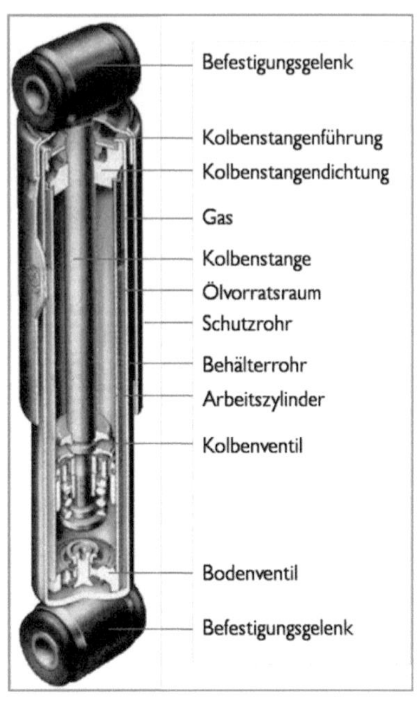

Abbildung 2: Der Zweirohrdämpfer druckbelastet

---

[4] Vgl. Heißing, S.270
[5] Heißing, S.270

3.1.1. Kolbenventil (Zugstufenventil)

„Das Zugstufenventil in Zweirohrdämpfern ist im Allgemeinen eine Kombi-nation von konstantem Durchlaß und federbelastetem Ventilteller. Kolben 1 ist mit der Mutter 3 am unteren Ende der Kolbenstange 2 befestigt. Die seitliche Abdichtung zum Zylinderrohr 4 übernimmt der Kolbenring 5, die Mitten-zentrierung des Kolbens der Zapfen Z1. Das eigentliche Ventil besteht aus dem Ventilteller

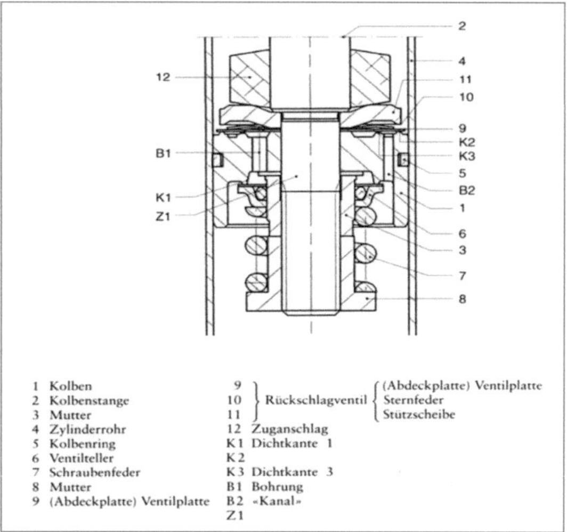

Abbildung 3: Zugstufenventil

6, der von der Schraubenfeder 7 gegen die Dichtkante K1 gedrückt wird. Mit Hilfe der Mutter 8 erfolgt die Regulierung der Anpreßkraft. Zwischen der Dichtkante K3 und der oberen Abdeckscheibe sind sogenannte Bypass- oder Veröffnungsquerschnitte eingeprägt, deren Durchschnittsflächen den eigentlichen konstanten Durchlaß ergeben. Beim Hochgehen des Kolbens strömt Öl durch die Bohrung B1, um dann sowohl den konstanten Durchlaß als auch nach Abheben des Ventiltellers das eigentliche Ventil zu passieren"[6].

---

[6] Vogel, S. 363-364

3.1.2. Bodenventil (Druckstufenventil)

Das Bodenventil besteht aus dem eigentlichen Ventilkörper 1. Dieser besitzt die Bohrungen B_1 und B_2. Die Bohrungen B_1 dienen zum Nach-saugen des Öls und sind abgedeckt von den Abdeckscheiben 3, welche vorgespannt sind durch die Kugelfeder 3.

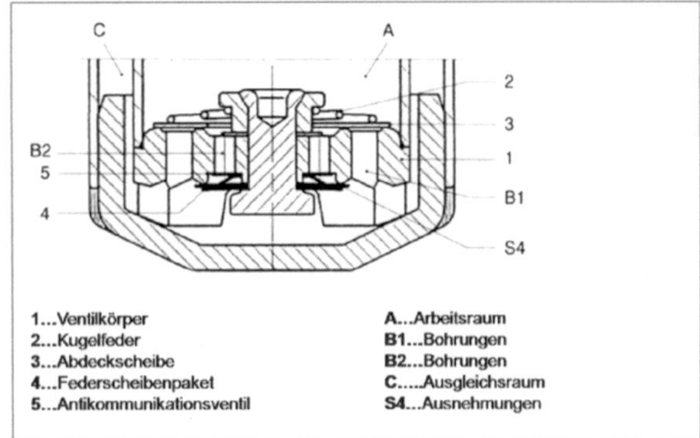

Abbildung 4: Druckstufenventil

„Mit Hilfe des Durchmessers der Bohrungen B2, der Anzahl und Dicke der Federscheiben sowie der Größe der freien Flächen S4 läßt sich die gewünschte Dämpfereinstellung erreichen"[7]. Das Antimommunikationsventil verhindert auf Grund des konstanten Durchlasses das Zurückfließen des Öls im Stand.[8] Wie bereits erwähnt hat das Bodenventil eine für die Druckstufe zur Verfügung stehende Fläche von nur 95mm², was dem Bodenventil eine besondere Leistung abverlangt.

3.2. Druck- und Zugstufe

Die Druckstufe (Abbildungen 5;6)

In der Phase der Druckstufe, die wie bei dem Einrohrprinzip als Einfedern beschrieben werden kann, kommt es zur Verkürzung des Dämpfers, da die Kolbenstange in das Zylinderrohr gedrückt wird. Der Kolben bewegt sich gegen den Widerstand des Öls nach unten und dieses strömt in den Bereich des Arbeitsraumes oberhalb des Kolbenventils.

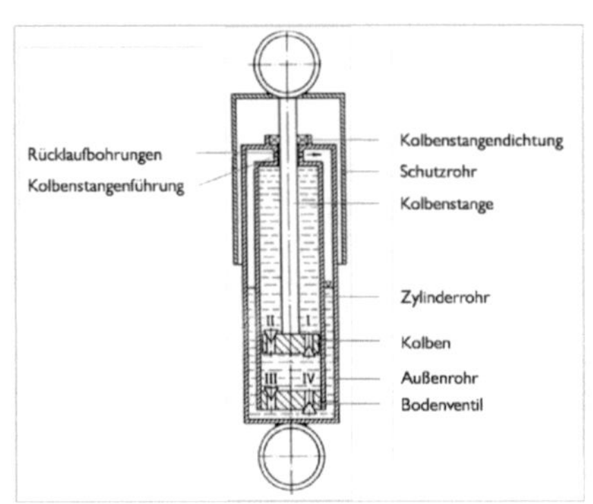

Abbildung 5: Zweirohrdämpfer - schematische Darstellung

---

[7] Vogel, S. 365
[8] vgl. Vogel, S. 365

Verantwortlich dafür ist die in Abbildung 9 mit der II gekennzeichneten Bohrung. Da sich das Volumen innerhalb des Zylinders durch die eintauchende Kolbenstange verändert, muss das Öl, da es nicht weiter verdichtet werden kann, in den Ölvorratsraum geleitet werden. Dies geschieht mit Hilfe des im Bodenventil vorhandenen Ventils IV. Dieses Ventil trägt die Hauptverantwortung der Dämpfung. Deshalb spricht man bei dem Bodenventil von dem Druckstufenverntil.

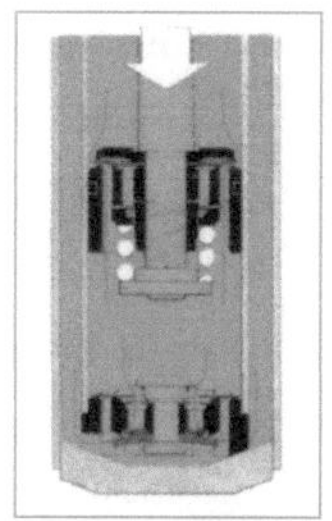

Abbildung 6: Druckstufe

Die Zugstufe (Abbildung 5;7)

Bei der Zugstufe, die wie bei dem Einrohrprinzip auch als Ausfedern beschrieben werden kann, „entsteht ein Überdruck zwischen dem hochfahrenden Kolben und der Stangenführung"[9]. Das aus dem oberen Teil des Arbeitsraumes zurückfließenden Öl wird hierbei durch das im Kolben befindliche Ventil I gedrückt. Ein sehr geringer Teil presst sich durch den kleinen Spalt zwischen Kolbenstange und Kolbenführung. Diese Kolbenführung besitzt eine aus zwei Dichtelementen bestehende Kolbenstangendichtung. „Die untere eigentliche Dichtungskante wird

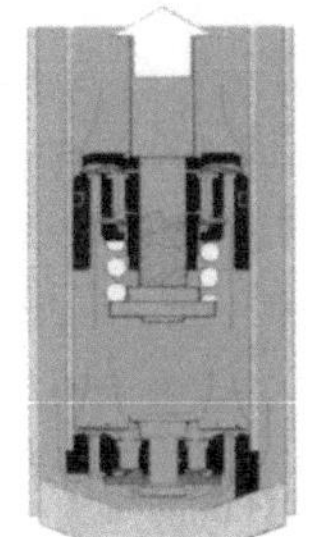

Abbildung 7: Zugstufe

mit einer Wurmfeder auf die Kolbenstange gepresst. Um eine gute Schmeirung zu ermöglichen, ist sie mit zwei kleinen Dichtkanten ausgestattet, die etwa 0,5 mm auseinander liegen"[10]. Durch diese Dichtkanten wird einerseits die Lebensdauer der Dichtung erhöht, auf Grund ihrer Anordnung über der Kolbenstangenführung besteht allerdings das Problem der Dichtigkeit innerhalb der Kolbenstangenführung. Um dieses Problem besser kontrollieren zu können, bedient man sich einer einfachen, wenn auch sehr nützlichen Konstruktion. Unterhalb der Kolbenstangendichtung ist eine sogenannte „Rücklaufbohrung" vorhanden, durch welche das Öl zurückfließen kann. Dieses fließt in den Ölvorratsraum. Wie beim Einfedern haben wir eine Veränderung des Gesamtvolumens innerhalb des Zylinders. In diesem Fall ist es ein Volumenmangel, der durch nachgesaugtes Öl aus dem Ölvorratsraum aufgefüllt wird. Verantwortlich hierfür ist das im Bodenventil vorhandene Ventil III, „das ebenfalls nur ein einfaches Rückschlagventil ist"[11].

---

[9] Vogel, S. 361
[10] Heißing, S. 270
[11] Vogel, S. 361

4. Der Einrohrdämpfer druckbelastet

4.1. Aufbau

Der Einrohrdämpfer druckbelastet setzt sich zusammen aus jeweils einem oben und unten liegenden Befestigungsgelenk. Diese sind befestigt an einem Arbeitszylinder. Dieser besteht aus einem mit Öl gefülltem Arbeitsraum und einem durch einen Trennkolben mit Vitondichtung separierten mit Luft oder Stickstoff gefülltem Ausgleichsraum. Dieser Gasdruck beträgt bei Raumtemperatur (20 °C) mindestens 25 bar. Befestigt an dem oberen Befestigungs- gelenk befindet sich die Kolbenstange mit Kolbenventil, welche stabilisiert und geführt wird durch die Kolbenstangenführung. Das Kolben- ventil hat, verwendet in der KFZ Mechanik, üblicherweise einen Durchmesser von 30, 36, 45 oder 46 mm. Zur Abdichtung dient eine Kolbenstangendichtung, welche integriert ist in die Kolbenstangenführung. Geschützt wird das gesamte System durch ein Schutzrohr welches sich über weite Teile des mit Öl gefülltem Arbeitsraumes erstreckt, ihn jedoch nicht völlig umschließt.

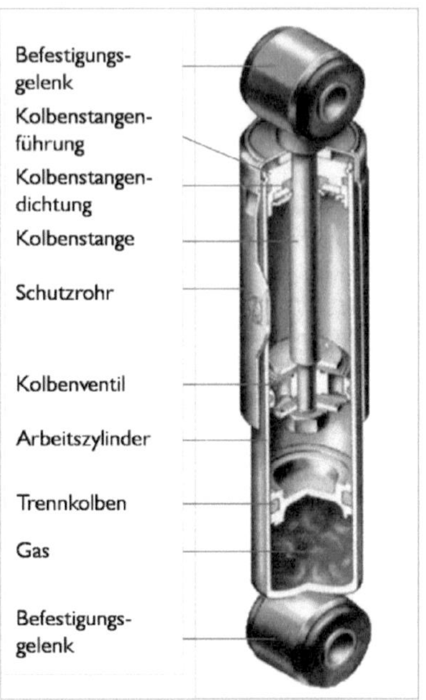

Abbildung 8: Der Einrohrdämpfer druckbelastet

4.2. Druck- und Zugstufe

Die Druckstufe (Abbildung 9)

In der Phase der Druckstufe, die man auch als Phase des Einfederns beschreiben kann, wird die Kolbenstange mit dem Kolbenventil gegen den Druck des Öls in den Arbeitsraum gedrückt. Das Fahrzeug federt ein und Kolbenstange und Kolbenventil werden in den Zylinder gedrückt. Das Kolbenventil besitzt zwei Drosselventile. In Abbildung 3 verdeutlicht durch die jeweiligen Durchlässe links und rechts der Kolbenstange. Der Kolben bewegt sich nun nach unten und durch die beiden Drosselventile kann das Öl, welches sich zwischen

Kolbenventil und Trennkolben befindet hindurchströmen..
Wichtig ist dabei, dass das Öl nur beschwerlich durch die
Ventile hindurchströmen kann, da sonst keine oder wenn
dann nur eine geringe Dämpfung auftreten würde.Das sich
im Arbeitsraum befindliche Öl wird gegen den
Trennkolben mit der hochbelastbaren Viton-Dichtung,
welche auch in der Raumfahrt Anwendung findet, da sie
auch Drücken jenseits der 30bar standhalten kann und dies
bei sowohl niedrigen als auch hohen Temperaturen,
gedrückt und verändert dessen Position gegen den im
Ausgleichsraum herschenden Druck von 25 bar. Dabei
verändert sich das Volumen des Ausgleichsraumes um den
gleichen Betrag des Volumens der Kolbenstange.[12]

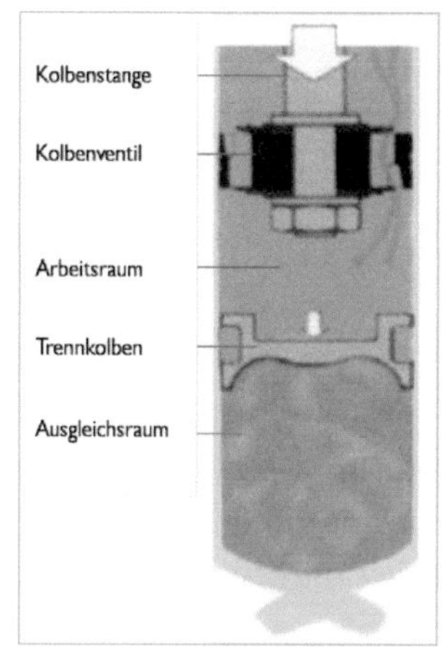

Abbildung 9: Druckstufe

Die Federwirkung ergibt sich durch die Kraft des Gases mit dem der Trennkolben dem sich
veränderten Druck des Öls entgegenwirkt, was ein Funktionieren der Dichtung zu einem
ausschlaggebenden Faktor werden lässt. Wie bereits
angesprochen wird diese Art der Dichtung ebenfalls in der
Raumfahrt verwendet. Viton® ist ein Fluorkautschuk und
zählt zu den bedeutendsten Werkstoffenticklungen der
50er Jahre. FPM, wie es nach DIN / ISO bezeichnet wird,
zeichnet sich durch hervorragende Beständigkeit gegen
hohe Temperaturen, Ozon, Sauerstoff, Mineralöle,

Abbildung 10: Fluorkautschukdichtung (FPM)

synthetische Hydraulikflüssigkeiten aus. FPM ist hitzebeständig bis etwa +200 °C und
kältebeständig bis etwa -25 °C, teilweise auch -40 °C.[13]

Die Zugstufe (Abbildung 11)

In der Phase der Zugstufe, welche auch als Ausfedern beschrieben wird, wird das
Kolbenventil mit Kolbenstange durch den sich im Ausgleichsraum befindlichen Druck in dem
Zylinder nach oben gedrückt. Beim Ausfedern werden alle Komponenten, welche für die
Federleistung verantwortlich sind entlastet. Der im Ausgleichsraum anliegende Druck von
mindestens 25 bar drückt den Trennkolben gegen das sich im Arbeitsraum befindliche Öl.
Dieses hingegen drückt gegen das Kolbenventil. Die vorhandene Menge Öl, die sich überhalb

---

[12] Vgl. Heißing 271
[13] Vgl. ralicks.de

des Kolbenventils befindet, strömt durch die Drosselventile des Kolbenventils nach unten. Dabei werden Kolbenventil und Kolbenstange in den oberen Bereich des Zylinders gedrückt. Das Volumen im Ausgleichsraum vergrößert sich hierbei um die Menge des Volumens der Kolbenstange. Gedämpft wird die Aufwärtsbewegung des Kolbenventils durch das im Arbeitsraum vorhandene Öl, welches durch die Drosselventile gelangt.

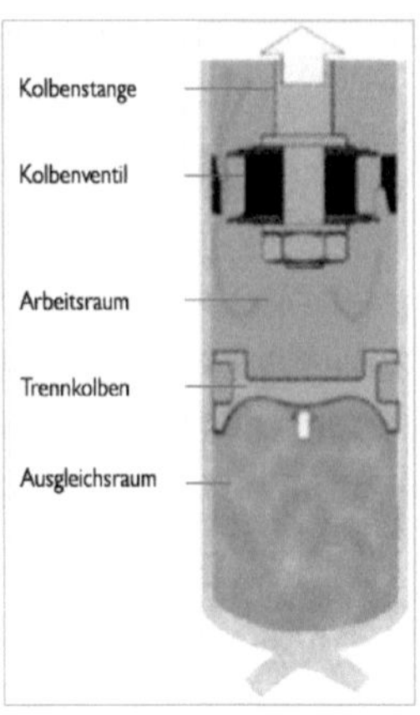

Abbildung 11: Zugstufe

5. Vergleich beider Dämpferarten

Einrohrdämpfer und Zweirohdämpfer druckbelastet haben gleichermaßen Vor- und Nachteile. Sie werden ihren Qualitäten und ihrem Einsatzzweck entsprechend eingesetzt. Auf Grund der Funktionsweise ergeben sich auch unterschiedliche Eigenschaften. Zu nennen wäre schwerpunktmäßig die unterschiedlichen Drücke, welche einen unterschiedlichen Dichtungsschwerpunkt ergeben, der eindeutig bei dem Einrohrdämpfer zu finden ist. Der Zweirohrdämpfer mit sechs bis acht bar weist einen wesentlich geringeren Druck auf als der Einrohrdämpfer mit 25 bar. Für dieses System werden Viton-Dichtungen (Abbildung 10) verwendet, die aufwendiger gefertigt werden als die Dichtungen für das Zweirohrsystem. Sie können Drücken von über zu 110 bar standhalten. Dieses führt zu einem weiteren Nachteil des Einrohrdämpfers, denn dadurch ist dieser sehr anfällig für Druckprobleme. Eine exaktere Bauweise bei dem Einrohrprinzip hat auch eine Kostenerhöhung zur Folge.[14] Durch die Trennung von Gas und Öl beim Einrohrdämpfer ist dieser unbegrenzt einbaufähig, was für den Zweirohrdämpfer nicht zutrifft, da dieser nur senkrecht genutzt werden kann, da die Gefahr besteht, dass der Ölspiegel aus dem Ausgleichsraum einseitig absinkt.[15] Wie aus dem jeweiligen Aufbau hervorgeht, ist der Einrohrdämpfer bei gleicher Leistungsfähigkeit schlanker, da dieser Einwandig konstruiert ist, ganz im Gegensatz zum Zweirohrdämpfer, der wie der Name schon sagt, doppelwandig ist. Dieser Vorteil des Einrohrdämpfers hat auch

---

[14] Vgl. Heißing, S. 271
[15] Vgl.Reimpell 360

einen Nachteil, denn durch die schlankere Bauweise ist dieser länger als der Zweirohrdämpfer, der bei gleicher Leistungsfähigkeit zwar dicker ist, dafür aber auch kürzer. Beim Einrohrsystem befindet sich der Ausgleichsraum unterhalb des Arbeitsraumes, was die Länge stark beeinflusst.[16] Nachteilig gegenüber dem Zweirohrsystem ist die Funktionsfähigkeit bei Druckverlust. Das Einrohrprinzip ist bei Druckverlust nicht mehr funktionsfähig, wohingegen der Zweirohrdämpfer auf Grund des Bodenventils weiterhin, wenn auch eingeschränkt, funktionsfähig ist. Ein wesentlicher Vorteil des Zweirohrprinzips ist die Kennliniengestaltung. Diese „ist flexibler durch getrennte Ventile in Zug- und Druckrichtung"[17]. Beim Einrohrprinzip ist es der Gasdruck, durch den die Druckdämpfkräfte abgestützt werden.[18]

6. Stoßdämpfertest

Jedes sechste Fahrzeug ist mit defekten Stoßdämpfern unterwegs. (AvD) Defekte Stoßdämpfer beeinträchtigen erheblich die Funktionstüchtigkeit elektronischer Fahrwerkskomponenten wie ABS, Antischlupfregelung ESP und andere. Es ist daher wichtig ihre Funktionsfähigkeit regelmäßig überprüfen zu lassen. Der AvD rät daher alle 20.000 km einen Prüfstand aufzusuchen beziehungsweise vor Wintereinbruch. Durch beeinträchtigte Stoßdämpfer verlängert sich der Bremsweg, bei Fahrzeugen ohne ABS, um bis zu 2 Meter und bei Fahrzeugen mit ABS sogar um bis zu fünf Meter (vgl. Abbildung 12). Das Fahrverhalten wird unkontrollierbarer, da das Anspruch Verhalten eine deutliche längere Zeit in Anspruch nimmt als bei funktionsfähigen Stoßdämpfern. Die Gefahr des Aquaplaning nimmt deutlich zu, da bereits bei geringeren Geschwindigkeiten mit Aquaplaning zu rechnen ist. Ebenfalls verschlechtert sich das Kurvenverhalten, da bei gleichen Geschwindigkeiten die absorbierten Querbeschleunigungen deutlich geringer werden. Um defekte Stoßdämpfer zu erkennen gibt es mehrere Anhaltspunkte, die unter Umständen auch im Privaten ausfindig gemacht werden können. Bei Austritt von Öl aus den Dämpfern ist eine Fehlfunktion zu vermuten. Auch wellig abgefahrene Reifen sind ein deutliches Indiz für defekte Stoßdämpfer. Professionell prüfen lassen kann man seine Dämpfer aber auch an allen staatlich anerkannten Prüfstellen, wie AvD, Dekra und ADAC.

---

[16] Vgl. Heißing S.272
[17] Heißing S.272
[18] Vgl. Heißing 272

7. Die Zukunft: der Bahnsbachdämpfer

Der Bahnsbachdämpfer ist die neueste Errungenschaft der Automobilindustrie. Dieser Dämpfer ist elektronisch verstellbar und hat ein Ansprechverhalten im Millisekundenbereich. Er ist ein System aus Mechanik, Elektronik und Flüssigkeit. Mit Hilfe der Elektrorheologie wird die Viskosität des Öls verändert. Dabei verändern „intelligente" Fluide ihre Fließ-eigenschaft im elektrischen Feld. Dieses hat zur Folge das die Dämpfereigenschaften den Fahrbahngegebenheiten angepasst werden und die optimale Einstellung liefern, um Fahrkomfort und Fahrsicherheit zu gewährleisten. Dieses geschieht stufenlos und für den Fahrer unbemerkt. Der Mechanismus ist sehr einfach gehalten, da das Öl durch einen Spalt zwischen Kolben und Zylinderwand gedrückt wird (Abbildung 13). Der Bansbachdämpfer befindet sich bereits im Einsatz. Verbaut wird er in der neuen 7er Serie von BMW, wo er schon große Erfolge erzielen konnte. Die Einfache Bauweise und die vergleichslose Viel-seitigkeit machen ihn zum Dämpfer der Zukunft. Auf Grund der teuren Technik wird er jedoch vorerst in Luxuslimousinen seinen Einsatzort finden.

Abbildung 13: Der Bahnsbachdämpfer

8. Schlussbetrachtung

Der Zweirohrdämpfer druckbelastet ist die in der heutigen Zeit am häufigsten verwendete Dämpferart. Es hat Vorteile und auch Nachteile. Man kann jedoch sagen, dass die Vorteile überwiegen. Er ist kürzer als der Einrohrdämpfer. Dieser hat zwar einen größeren Kolben-durchmesser und eine bessere Ölkühlung als der Zweirohrdämpfer auf Grund der schlankeren Bauweise, jedoch ist er bei Öldruckverlust nicht mehr funktionsfähig. Wie bereits beim Dämpfertest beschrieben erkannt man defekte Dämpfer an austretendem Öl, jedoch nicht sofort an dem Nachlassen der Funktion, was noch einmal deutlich macht das der Zweirohrdämpfer als Dämpfer verwendet wird. Das Einrohrsystem arbeitet mit einem wesentlich höheren Druck als das Zweirohrsystem, was eine exaktere Bauweise notwendig macht und damit die Produktionskosten erhöht. Die Zukunft gehört jedoch elektronisch verstellbaren Dämpfern, die angepasst an die Fahrbahnbedürfnisse und an die Bedürfnisse des Fahrers, die Zug- und Druckstufeneinstellung verändern und somit ein sicheres und komfortables Vorankommen auf allen Fahrbahngegebenheiten garantieren. Ihre Reaktionszeit befindet sich im Millisekundenbereich und damit kann ihre Einstellung ohne spürbaren Zeitverlust angepasst werden und die Fahrbahneigenschaften direkt an den Fahrer weitergeleitet werden. Der Zwei- und auch Einrohrdämpfer werden jedoch trotz der Entwicklungen immer Anwendung im Fahrzeugbau finden und ihren Qualitäten entsprechend eingesetzt, denn man kann nicht sagen das eine Dämpferart besser ist als die andere, man kann nur sagen das eine besser ihren Fähigkeiten entspechend eingesetzt ist als die andere.

Literaturverzeichnis

Heißing, B.; Ersoy, M. (2007): Fahrwerkhandbuch. Grundlagen, Fahrdynamik, Komponenten, Systeme, Mechatronik, Perspektiven. Wiesbaden.

Reimpell, J.; Betzler, J. W. (2000): Fahrwerktechnik: Grundlagen. Würzburg.

Trzesniowski, M. (2008): Rennwagentechnik. Grundlagen, Konstruktion, Komponeneten, Systeme. Wiesbaden.

Krettek, O. (1992): Federungs- und Dämpfungssysteme. Braunschweig/Wiesbaden.

http://www.fludicon.de/Geraeuschfreie-stufenlos-verstellbare-und-verschleissfreie-Daempfersysteme.56.0.html (zuletzt geöffnet am 11.04.2010)

http://www.maschinenmarkt.vogel.de/index.cfm?pid=1610&pk=173851&icmp =aut-artikel-artikel-60 (zuletzt geöffnet am 11.04.2010)

http://www.tuv.com/de/stossdaempfer_bremsfluessigkeit.html
(zuletzt geöffnet am 11.04.2010)

Abbildungen

Abbildung 1 - www.shiva-automotive.net/.../Haubenlift.jpg

Abbildung 2 - Heißing, B.; Ersoy, M. 2007: Fahrwerkhandbuch: Grundlagen, Fahrdynamik, Komponenten, Systeme, Mechatronik, Perspektiven; Wiesbaden; Vieweg, S.270

Abbildung 3 - Reimpell, J.; Betzler, J. W. 2000: Fahrwerktechnik: Grundlagen; 4. Auflage; Würzburg; Vogel, S.363

Abbildung 4 - Reimpell, J.; Betzler, J. W. 2000: Fahrwerktechnik: Grundlagen; 4. Auflage; Würzburg; Vogel, S.365

Abbildung 5 - Reimpell, J.; Betzler, J. W. 2000: Fahrwerktechnik: Grundlagen; 4. Auflage; Würzburg; Vogel, S.361

Abbildungen 6,7 - Heißing, B.; Ersoy, M. 2007: Fahrwerkhandbuch: Grundlagen, Fahrdynamik, Komponenten, Systeme, Mechatronik, Perspektiven; Wiesbaden; Vieweg, S.270

Abbildungen 8,9,10 - Heißing, B.; Ersoy, M. 2007: Fahrwerkhandbuch: Grundlagen, Fahrdynamik, Komponenten, Systeme, Mechatronik, Perspektiven; Wiesbaden; Vieweg, S.271

Abbildung 11 –
http://images.google.de/imgres?imgurl=http://elastotechnics.kremenrti.com.ua/EN/Viton%25 20seal%2520in%2520hand.JPG&imgrefurl

Abbildung 12 – Hdt 2001, Prof. Rompe, TÜV Rheinland/ Berlin-Brandenburg

Abbildung 13 - http://www.fludicon.de/typo3temp/pics/c6be455729.jpg